JN223195

大英自然史博物館 珠玉の標本

昆虫 色彩の奇跡

interesting INSECTS

ガヴィン・ブロード／ブランカ・ウエルタス／アシュリー・カーク=スプリッグス／ドミトリー・テルノフ

Gavin Broad, Blanca Huertas, Ashley Kirk-Spriggs & Dmitry Telnov

小島弘昭 監訳／喜多直子 訳

河出書房新社

昆虫 色彩の奇跡　もくじ

はじめに

4億年以上も前に地球の陸地に姿を現して以来、昆虫は今日まで繁栄を続けてきた。その圧倒的勝因は、海をのぞくあらゆる地球環境に適応してのける驚異の進化能力にある。昆虫は地球に生息する生物種のおよそ8割を占め、現在ではおよそ90万種が確認されている。この莫大な数の種は、ボディプラン（生物グループの多くの種類に共通して見られる基本的身体構造）や変態（形態や身体構造の著しい変化）の様式に基づいて、大きく26～30目に分類される。昆虫の4大分類群は、甲虫を含む鞘翅目、ミツバチやアシナガバチなどハチのなかまを含む膜翅目、ハエのなかまで構成される双翅目、チョウやガのなかまで構成される鱗翅目だ。

膨大な種をかかえるこれらの目はすべて、卵から幼虫が孵り、蛹を経て成虫になる完全変態を特徴としている。一方、不完全変態（孵化した幼虫の姿が成虫とあまり変わらない変態様式）のグループではとくにカメムシ（半翅目）が多種多様で、ほかにもコオロギやバッタ、イナゴ（直翅目）、トンボやイトトンボ（蜻蛉目）がよく見られる。本書ではトンボとイトトンボをのぞく昆虫のなかまをご紹介する。6本の歩脚、触角、節が連結した外骨格という基本的ボディプランを獲得した昆虫たちは、花粉媒介者や捕食者として、また、分解者や寄生者、害虫や病原体の媒介者としてそれぞれの道を歩み、今ではおそらく1000万～1億もの種が世界に存在しているのだ！

ここに集めた昆虫たちは、さまざまな姿でとりどりの色と模様を輝かせている。ほんの小さいハチのなかまから、大型のトリバネアゲハまで、体の大きさも多岐にわたる。本書に掲載する美しい標本はすべて大英自然史博物館が所蔵するもので、サイズについては各種の平均を記した。昆虫たちの織りなす奇跡の色彩をご堪能あれ。

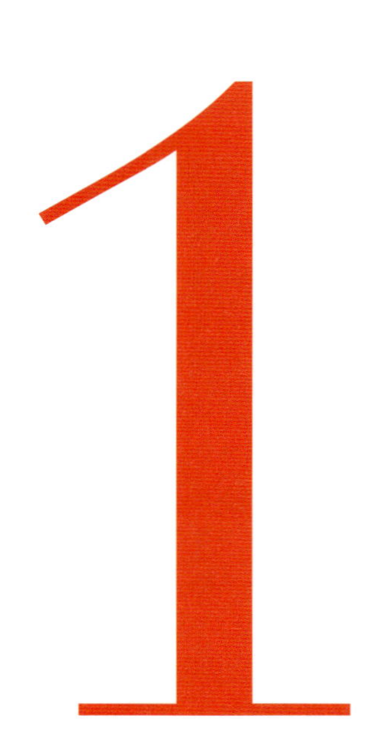

赤　ピンク　オレンジ

アワフキムシの一種

Cercopis vulnerata

赤と黒のコントラストが見事なこのアワフキムシは、うっそうとした森林で木本植物や草本植物にとまっている。危険を感じるとすぐに飛び立つか、バネのある後脚で70cmも跳躍して姿をくらましてしまう。若虫は地中で植物の根を食べて過ごすため、その姿をめったに見ることができない。

分布
ヨーロッパの温暖な地域

サイズ
全長10〜12mm

ムツモンベニモンマダラ

Zygaena filipendulae

ミヤコグサをこのんで食べるムツモンベニモンマダラは、牧草地で目にすることが多いガの一種だ。日中も無防備に活動できるのは、有毒なシアン化物を産生して捕食者から身を守っているからだ。幼虫の体色は黒と黄で、成虫と同じ化学防御の能力を備える。しかし、繭はトガリヒメバチの一種である寄生バチの格好の産卵場所にされてしまう。とくに体の大きいメスの幼虫が寄主になりやすいため、メスよりもオスの数が多くなることもある。

分布

ヨーロッパ

サイズ

開翅長35～40mm

ドウイロオオムカシタマムシ

Temognatha chalcodera

ド派手な赤色が目を引くドウイロオオムカシタマムシは、幼虫が木に穴をあける穿孔(せんこう)性昆虫だ。このタマムシは繁殖方法がちょっと変わっている。木材や樹皮の上に産みつけられた卵の塊は「梱包材」で覆われていて、その中で孵化した幼虫は木に穿入していく。卵を包んでいるのは粒の細かい砂や燃えた木材の粉末木炭だ。そして、なんとメスの産卵管には、こうした「梱包材」を集めて保存しておくための特殊な貯蔵器官が備わっているのだ。

分布

オーストラリア西部

サイズ

全長43〜50mm

ビワハゴロモの一種

Desudaba danae

このビワハゴロモは、オーストラリア北東部、クイーンズランド州の海岸沿いに点在する熱帯雨林に生息している。前翅（ぜんし）は濃い茶色から黒色の色調で、黄色の斑紋が数列並んでいる。膜質の後翅（こうし）の基部は茶色と鮮やかな赤色だ。ビワハゴロモのなかまは樹液を吸うための口器を備えている。

分布

オーストラリア

サイズ

全長10～12mm

ゴライアスオオツノハナムグリ

Goliathus goliatus

世界最大級にして最重量級の昆虫として名をはせるゴライアスオオツノハナムグリは、アフリカ大陸の熱帯雨林に生息する甲虫だ。オスは頭部にY字形の短い角を備え、体色は茶と白か黒と白だ。メスはオスよりも小さく、焦げ茶色から光沢のある白色までさまざまな体色が見られる。すべての脚の先に強力な鋭いかぎ爪が2本ずつ備わり、木の幹や枝を登るときに役立っている。

分布
赤道アフリカ

サイズ
全長50〜110mm

ナナホシテントウ

Coccinella septempunctata

テントウムシは世界で最も親しまれている昆虫のひとつだ。おもちゃのモチーフとしても人気があるし、アニメや絵本でもおなじみだ。そんなテントウムシも、脚の関節から不快な味の体液を出すし、危険を感じたときには死んだふりを熱演する。かわいらしい見た目のテントウムシの成虫とちょっと変わった姿の幼虫は、いずれもどう猛な肉食性昆虫だ。わたしたちの庭や畑でアブラムシなどの小さい植食性昆虫をせっせと食べて、大切な草花や畑の作物を守ってくれるのだ。

分布

ヨーロッパ、アジア、北アフリカ（在来種）
オーストラリア、アフリカの熱帯地域、北アメリカ（外来種）

サイズ

全長7〜11mm

アカモンアラメムカシタマムシ

Stigmodera cancellata

この美しい森の宝石はオーストラリア西部海岸域の固有種だ。幼虫は地中でフトモモ科のかん木の根を食べて成長する。その期間はなんと15年！　成虫になって地上へ這い出てくるのは、10月から11月のちょうど野花が咲く季節だ。青みがかった緑色の硬い前翅（鞘翅）には全体に粗い穴があいていて、6つのいびつな赤い斑紋と赤い縁取りがある。頭胸部は緑かブロンズ、あるいは黒っぽい色だ。メスの体はオスよりもかなり大きい。

分布

オーストラリア西部

サイズ

全長23〜35mm

ホシボシツノカナブン

Amaurodes passerinii

この美麗なカナブンの硬い前翅（鞘翅）は、暗色の地色に赤からオレンジの色調の丸い斑紋が並んでいる。胸部の盾板（じゅんばん）（前胸背板）は淡色か濃色の単色、あるいは濃淡のバイカラーだ。背面には全体的にビロードのようななめらかな短毛が密に生えている。オスだけに前方へ突き出した角が備わり、メスをめぐる激しい戦いで強力な武器となる。成虫は樹液や花の蜜を吸い、燦々と降り注ぐ暖かい日の光のもとで活発に活動する。

分布

中央アフリカ、南アフリカ

サイズ

全長30〜55mm

ビワハゴロモの一種

Amantia imperatoria

中央アメリカ原産のこの大型のビワハゴロモは、前翅に縞模様と水玉模様があり、後翅は赤と茶のバイカラーだ。ビワハゴロモのそばではよくアリの姿を見かける。アリのお目当てはビワハゴロモが腹部から出す粘り気のある甘いおしっこ（甘露）だ。これらのビワハゴロモは高い跳躍力を誇る。

分布
中央アメリカ

サイズ
全長22〜25mm

クラウディナミイロタテハ

Agrias claudina

熱帯雨林に生息するこのチョウは、前翅に美しい深紅の斑点をもつが、後翅により華やかな模様が見られる。1850年代にブラジルのアマゾン熱帯雨林へ探検に出かけた英国人博物学者、ヘンリー・ウォルター・ベイツは、一目でクラウディナミイロタテハのとりこになった。しかし、このチョウはその見た目に似つかわしくない食性をもっている。美しい翅(はね)を揺らしながら、動物の死体や腐った果物に群がって汁を吸うのだ。

分布
南アメリカの熱帯地域

サイズ
開翅長80mm

オオベニハゴロモ

Flatida rosea

この種もほかのアオバハゴロモ科と同じく、吸汁式の口器をもち、植物や樹木の師管液を吸う。ほとんどの種は熱帯林にしげる木々の小枝に群がる姿が見られる。オオベニハゴロモの前翅の色は、飛翔に用いる膜質の地味な後翅に対してとても鮮やかだ。アオバハゴロモ科の多くはとまっているとき、「革翅（かくし）」と呼ばれる鮮やかな硬い前翅をテントのように背に立てている。

分布
マダガスカル

サイズ
全長15mm

ベニスズメ

Deilephila elpenor

けばけばしいピンクに緑と黒という派手な色彩のベニスズメは、庭で見かけるガのなかでとくにゴージャスなスズメガのなかまだ。英名の「エレファントホークモス（ゾウのスズメガ）」とは、ゾウの鼻のような見た目の幼虫にちなんでつけられた名前だが（映画『ダンボ』に登場するピンクのゾウとは無関係だ！）、実際の幼虫はゾウの鼻というより小さいヘビのようだ。幼虫はアカバナ属の多年草を食べる。この植物が攪乱地(かくらんち)をこのんで生育するため、郊外の住宅の庭先では灯りに集まるベニスズメの姿がよく目撃されるというわけだ。

分布
ヨーロッパ、アジアの温帯地域

サイズ
開翅長60～70mm

ヤママユガの一種

Eochroa trimenii

ヤママユガのなかまでは比較的小型の種だが、ピンク色の美しい翅が圧倒的存在感を放っている。オスにはさらにふさふさの羽毛のような奇妙な触角が備わっている。このバラ色のヤママユガは、南アフリカ共和国の西海岸に広がるサキュレント・カルーという半砂漠の生態系で、ほかの多数の種と共生している。南アフリカ共和国西部からナミビアにかけてのナマクアランドと呼ばれるその地域では、環境保全の取り組みのもと、特殊な植物種の生育環境と生物の暮らしが守られているのだ。

分布
南アフリカ共和国

サイズ
開翅長65〜75mm

マドガの一種

Arniocera amoena

マドガのなかまは世界の熱帯地域で見ることができるが、本属の種はより北方の寒冷地に生息するマダラガにそっくりだ。黒い地色にけばけばしい赤い斑を浮き上がらせて、不快な味がすると捕食者に警告している。このマドガがもともとマダラガに分類されていたというのも無理はないだろう。

分布
南アフリカ

サイズ
開翅長40mm

チッチゼミの一種

Mouia variabilis

オスの甲高い鳴き声でおなじみのセミは、半翅目に属する昆虫で、木にとまって樹液を吸う。幼虫は地中で木の根から吸汁して成長するが、なかには成長に数年かかる種もいる。無事成長を遂げて力強く地上へ這い出した幼虫は、植物にのぼって羽化する。

分布
ニューカレドニア島

サイズ
全長25mm

ヨナグニサン

Attacus atlas

このガの英名は「アトラスモス」という。ギリシア神話に登場する巨人、アトラスにちなんでつけられた。世界最大のガのひとつで、鱗翅目の多くの種と同じく、メスのほうがオスよりも大きい。しかし、世界中で大きな体を表す名前で呼ばれているわけではない。たとえば、香港では「蛇頭蛾」と呼ばれている。前翅先端部の形を見れば、そのゆえんがわかるだろう。

分布

南アジア

サイズ

開翅長250〜300mm

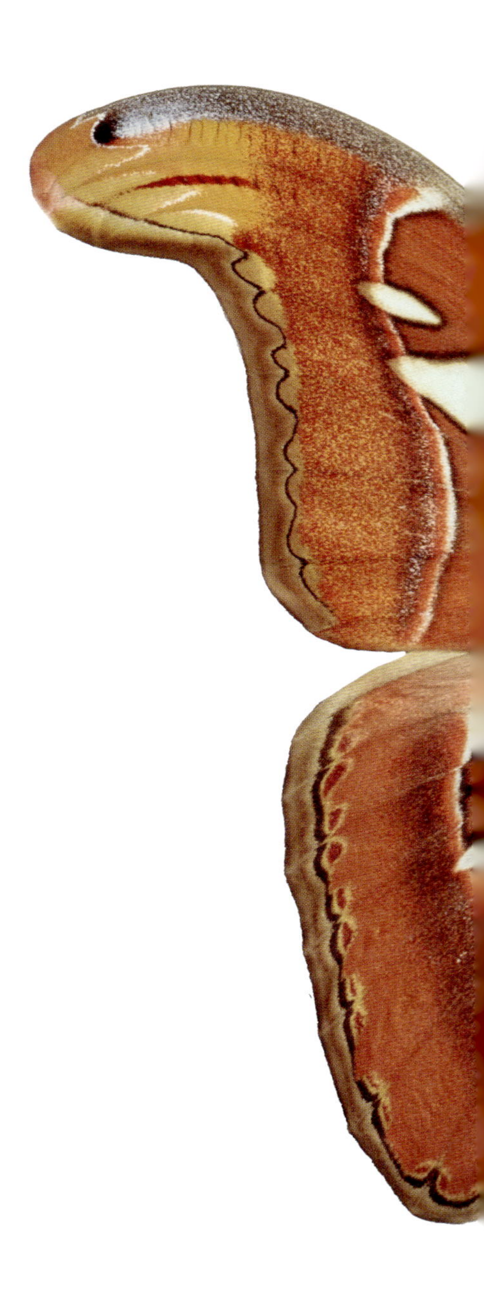

シタベニオオバッタ

Tropidacris cristata

全長120mm、開翅長230mmを誇るこの最大のバッタは、中南米の熱帯地域に生息している。前翅は木の葉に似ていて、後翅は目の覚めるようなオレンジ色だ。この巨大バッタにはなかなか遭遇することができないが、湿潤な森の開けた乾燥地でなら出会えるかもしれない。

分布
中央アメリカ、南アメリカ

サイズ
全長105〜110mm

クロスジクワガタコガネ

Fruhstorferia nigromuliebris

体はつややかなオレンジ色で、頭部からは角状突起が曲線を描いて伸びている。この突起は角のように見えて、じつはオスのみがもつ長い大顎（上顎）だ。オスの鮮やかな体色に対して、メスの体は真っ黒で、大顎も「標準サイズ」だ。オスとメスで体色に大きな違いがある理由は不明だが、クワガタコガネではとくにめずらしいことではない。この甲虫の生態はほとんど知られていないが、アジアの熱帯雨林が作物や木材のために開発されれば、そのつややかな輝きがいつか森から消えてしまうだろう。

分布

ボルネオ島

サイズ

全長25～44mm

セダカモクメの一種

Epicausis smithii

このガはマダガスカル原産のヤガのなかまで、マダガスカル共和国の郵便切手にも描かれている。このヤガの属には2つの種があり、いずれも島の固有種として、生物の楽園でほかの不可思議な種とともに暮らしている。これはヤガ科のなかでもとくに印象的な種で、腹部末端が紅の大きな房で覆われている。

分布
マダガスカル

サイズ
開翅長55〜62mm

スミスサスマタカナブン

Eudicella smithii

さまざまな色彩変異をもつこのカナブンはブリーダーたちの人気者だ。頭部と胸部は赤、緑、あるいは青っぽい色、硬い鞘翅は土色から黄色っぽい色で、肩と翅端に大小の黒い斑紋がある。オスだけが頭部にふたまたに分かれた立派な角を備え、ライバルを突いたり押したり、蹴散らしたりする。

分布
中央アフリカ、南アフリカ

サイズ
全長25～40mm

ヒトリガ

Arctia caja

成虫の後翅には美しい警告色の斑紋があり、一目で不快な味がするとわかる。実際、ヒトリガは捕食者にとって有毒な化合物を産生している。英名は「タイガーモス（トラのガ）」だが、幼虫はときどき「クマケムシ」と呼ばれる。ヨーロッパでは以前と比べてクマケムシの姿が見られなくなっている。近年の暖冬の影響で、ヒトリガの数が急激に減っているのだ。

分布

ヨーロッパ、北アメリカ

サイズ

開翅長45～65mm

シタバチの一種

Exaerete trochanterica

ブラジルからパナマに広がる森林で宝石のような輝きを放つこの昆虫は、さしずめシタバチ界のカッコウだ。ほかのシタバチの巣に侵入しては、ちゃっかり占領してしまうのだ。侵入した巣の家主の針に刺されないよう体を鎧のように硬化させ、極彩色に輝くクチクラ（体表を保護する丈夫な膜）を形成する。ほかのシタバチの種と同じく、オスは花から香り成分を集め、とくにランの香りをこのむ。ときには腐った木の化学物質を集めることもあるが、その理由はわかっていない。

分布

南アメリカ、中央アメリカ

サイズ

体長23～26mm

カメノコハムシの一種

Stolas hermanni

丸くてすべすべしたぺたんこの体がまるでブローチのようなこのカメノコハムシは、いかにも無防備な生物に見える。しかし、葉にとまっているところを捕まえようと体をつかんだ瞬間、あまりの力の強さに面食らうだろう！　このカメノコハムシは脚から油性物質を出し、着地面と体の間に液膜をつくる。この膜が接着剤のような役割を果たし、体重の数百倍もの力に耐えることができるのだ。

分布
アマゾン

サイズ
全長15mm

オーベルチュールオオツノカナブン

Mecynorhina oberthuri

オレンジ色と白色のボディに黒の模様が引き立つこの大型のカナブンは、体全体がすべやかな短い体毛で覆われている。とてもパワフルな昆虫で、オスの前脚には前方を向いた大きなかぎ爪と、側方に突出するとげが備わっている。その威力は人間の皮膚を容赦なく切り裂くほどだ。樹液やバナナなどの腐った果物を食べ、ときにはどろどろの甘い果実の中に体ごと潜り込んでしまう。メスはオスより体が小さく、角をもたない。

分布
ケニヤ、タンザニア

サイズ
全長44～80mm

ホタルガの一種

Campylotes histrionicus

人目をはばからず日中に活動するこのホタルガは、晩夏のヒマラヤ山脈や南アジアの山岳地帯で山麓を舞っている。ホタルガ亜科のこの種もほかのマダラガ科と同様、不快な味と化学物質を産生する腺で身を守っている。この種はミューラー型擬態の対象種と考えられる。近縁でないさまざまなガやチョウが互いによく似た色と模様を進化させ、有毒で不快な味であることをアピールして捕食リスクを下げているのだ。

分布
東南アジア

サイズ
開翅長80mm

ウスアオホウセキカミキリ

Sternotomis bohemani

左右対称の模様が美しい宝石のようなこの昆虫は、アフリカの熱帯雨林で暮らしている。触角にごく微細な感覚器を備え、数百メートル先で倒れたばかりの木をいち早く感知する。適当な木を見つけたオスはその幹にすみつき、メスがやってくるのを待つ。オスは交尾相手に選んだメスに一途で、鉄壁のディフェンスでほかのオスを寄せ付けない。交尾を終えたメスは、楕円形の白い卵を倒木に産みつける。

分布

中央アフリカ、南アフリカ

サイズ

全長20〜25mm

ツヤムネコブカミキリの一種

Trachyderes succinctus

体長よりも長い触角（角と間違えられることも多い）は、おもに感覚器官としての役割を果たしている。ほとんどのカミキリムシが湾曲した大顎をもち、倒木に嚙みついて樹皮に傷をつけ、そこにメスが卵を産みつける。体長17cmにもなる世界最大の昆虫、タイタンオオウスバカミキリ（ただし脚を含む全長と重量は最大ではない）も、同じく南アメリカに生息するカミキリムシ科のなかまだ。

分布
中央アメリカ、南アメリカ

サイズ
全長20〜25mm

ハムシの一種

Platyphora princeps

ハムシにはさまざまな生き残りの戦略がある。そのひとつが、天敵を遠ざける不快な臭いだ。ほかにも、有毒な植物を食べて自分の体をまずくするという戦法もある。あるいはこの甲虫のように、色彩のコントラストで「触るな危険！」と捕食者に警告するものもいる。無害なハムシのなかには、そんな有毒な近縁種にあやかろうと擬態するものもいるが、鳥の目を欺くことはできても、お腹をすかせたクモなどの無脊椎動物をだますことは難しいようだ。

分布
メキシコからボリヴィア、ブラジルにまたがる地域

サイズ
全長15mm

マエナリスイシガケチョウ

Cyrestis maenalis rothschildi

イシガケチョウの英名「マップウィング」とは、「地図の翅」という意味だ。翅の黒条が地図に描かれた緯線と経線のように見えることからそう名づけられた。そんな翅をもつチョウにふさわしく、イシガケチョウの多数の亜種は、広く東南アジア全域に生息している。遠くヨーロッパでは、同じタテハチョウ科に属するアカマダラというチョウに「マップ」という名がつけられている。

分布

フィリピン

サイズ

開翅長55〜60mm

ヒロクチバエの一種

Achias rothschildi

この奇妙なハエの頭部には左右に突き出した柄があり、その先に眼がついている。オスだけが長い眼柄（がんぺい）をもち、メスにその長さをアピールする。メスは眼柄の長さからオスの縄張りを守る能力と強さをジャッジするのだ。眼柄はなんと成虫が蛹から出てくるときに発達するという。口器から取り込んだ空気を送り、眼柄の先まで膨らませるのだ！

分布
パプアニューギニア

サイズ
両眼距離20～50mm

黄 金色

オオメンガタブラベルスゴキブリ

Blaberus giganteus

オオメンガタブラベルスゴキブリは世界最大のゴキブリのひとつと考えられている。体が平たく、大型のわりに軽量で、わずかな隙間に入り込んで捕食者から身を隠す。とまっているときは体を覆うように翅を畳んでいるため、一見すると甲虫のようだ。熱帯雨林に生息し、多湿で薄暗い洞穴や木のうろ、岩の割れ目などをすみかとしている。

分布
中央アメリカ、南アメリカ北部

サイズ
全長65mm

バイオリンムシ

Mormolyce phyllodes

ひじょうに多様なオサムシ科のなかでも、とくに奇妙な種といえば、このバイオリンムシだろう。オサムシ科のうち、本種を含む6種が、インドからマレー諸島にかけての地域（東洋区）に生息している。体の形はギターやバイオリンにたとえられ、真横から見ると真っ平らだ！　この独特の体形のおかげで、朽ちた木の樹皮の裏や土の亀裂に入り込むことができるのだ。危険を感じると、お尻から有毒な体液を噴射する。その液体は硝酸とアンモニアを混ぜたような臭いで、眼にかかると焼けるような痛みを感じる。

分布

東洋区

サイズ

全長60～100mm

ホソハネコバチの一種

Neomymar gusar

ホソハネコバチ科は寄生バチのなかまだ。この種は先が黒い大きな触角をもち、寄主が分泌する化学物質の痕跡を感知する。ホソハネコバチ科は昆虫の卵に寄生し捕食する。小さな卵にそれぞれ1匹ずつ寄生して成長するため、下生えの中ではさまざまな昆虫の卵にすみついた小型の寄生バチが多数ひしめいている。コバチの研究者アーセン・ジローは、「夢にも現実にも見たことがない宝石のような森の住民」と表現している。

分布
中央アメリカ

サイズ
体長3mm

コフキサラサハゴロモ

Penthicodes farinosa

このビワハゴロモは東南アジアの熱帯雨林に生息している。前翅の模様が樹皮や地衣類に似ているおかげで、天敵に見つからずに木にとまり、食事を楽しむことができる。種名の「コフキ」というのは、粉をまぶしたように見える翅の様子からつけられた。

分布
マレー半島、ボルネオ島

サイズ
全長15～20mm

エクセルシオールウズマキタテハ

Callicore excelsior

このチョウは「ナンバーウィング」つまり「数字の翅」というニックネームをもつウラモジタテハの一種で、後翅に「88」の模様が見られる。前翅は暖色と寒色が虹のような色彩を作り出している。このチョウはヒトやその他の哺乳類の汗が大好物だ。汗を吸って塩分を補給しているのだ。

分布

南アメリカの熱帯地域

サイズ

開翅長55〜60mm

ゴウシュウキンイロコガネの一種

Anoplognathus sp.

南半球が夏に迎えるクリスマスの時期に最も活動的になることから、「クリスマスビートル」という英名がつけられている。数カ月周期の複雑なライフサイクルをもち、幼虫は地中で暮らし、成虫は植物の葉を食べる。この標本にも見られる太くて頑丈な脚と大きなかぎ爪は、細い枝につかまるときに役立つようだ。

分布
オーストラリア

サイズ
全長20~30mm

ジョイシーカザリシロチョウ

Delias joiceyi

このチョウの翅は表側よりも裏側のほうがドラマチックだ。インドからオーストラリアを含む地域には、カザリシロチョウのさまざまな種が生息している。ジョイシーカザリシロチョウという種名は、20世紀初頭、ジョージ・タルボットが世界の鱗翅目の熱烈な収集家だったジェームス・ジョン・ジョイシーにちなんでつけたものだ。ジョイシーの膨大な標本を受け継いだ大英自然史博物館は、世界最大級のコレクションを誇る博物館となった。

分布

インドネシアのモルッカ諸島（スパイス諸島）

サイズ

開翅長70mm

チャイロオオイシアブ

Laphria flava

「強盗」や「暗殺者」という物騒な英名で呼ばれるチャイロオオイシアブは、ほかの昆虫を食べる捕食性の昆虫だ。太い吻(ふん)を獲物の外骨格に突き刺し、穴をあけて体液を吸う。多くの種がハチに擬態して昆虫を捕まえたり、捕食者に食べられるのを防いだりする。マルハナバチにそっくりなこの種は、おもに甲虫を捕食する。

分布

ヨーロッパ、アジア、北アメリカ

サイズ

全長12〜25mm

ライムスズメ

Mimas tiliae

「ライムスズメ」という名前は、このスズメガの体色ではなく、イギリスでライムの木の葉をよく食べていることが由来となっている。ただし、ヨーロッパのその他の地域ではシラカバの葉も食べている。一説には、シラカバの木は栄養価が低く、幼虫が成長するのにより時間がかかるため、夏の短いイギリスでは悠長にシラカバを食べているわけにはいかないのだといわれている。

分布

ヨーロッパ

サイズ

開翅長55〜70mm

キイロフトカミキリ

Cerosterna pollinosa

この甲虫は多様な種をかかえるカミキリムシ科の一種だ。世界では現在わかっているだけで2万6000種以上のカミキリムシが暮らしている。鮮やかな黄色から薄いオレンジ色の色調が美しいこのでっぷりした穿孔性のカミキリムシは、長い触角をもち、胸部（前胸背板）には左右に大きな鋭いとげが突出している。危険を感じると、体の一部をこすり合わせてキーキーときしむような高い音を出す。触角はメスよりオスのほうが長い。

分布

東南アジア、東洋区

サイズ

全長45～65mm

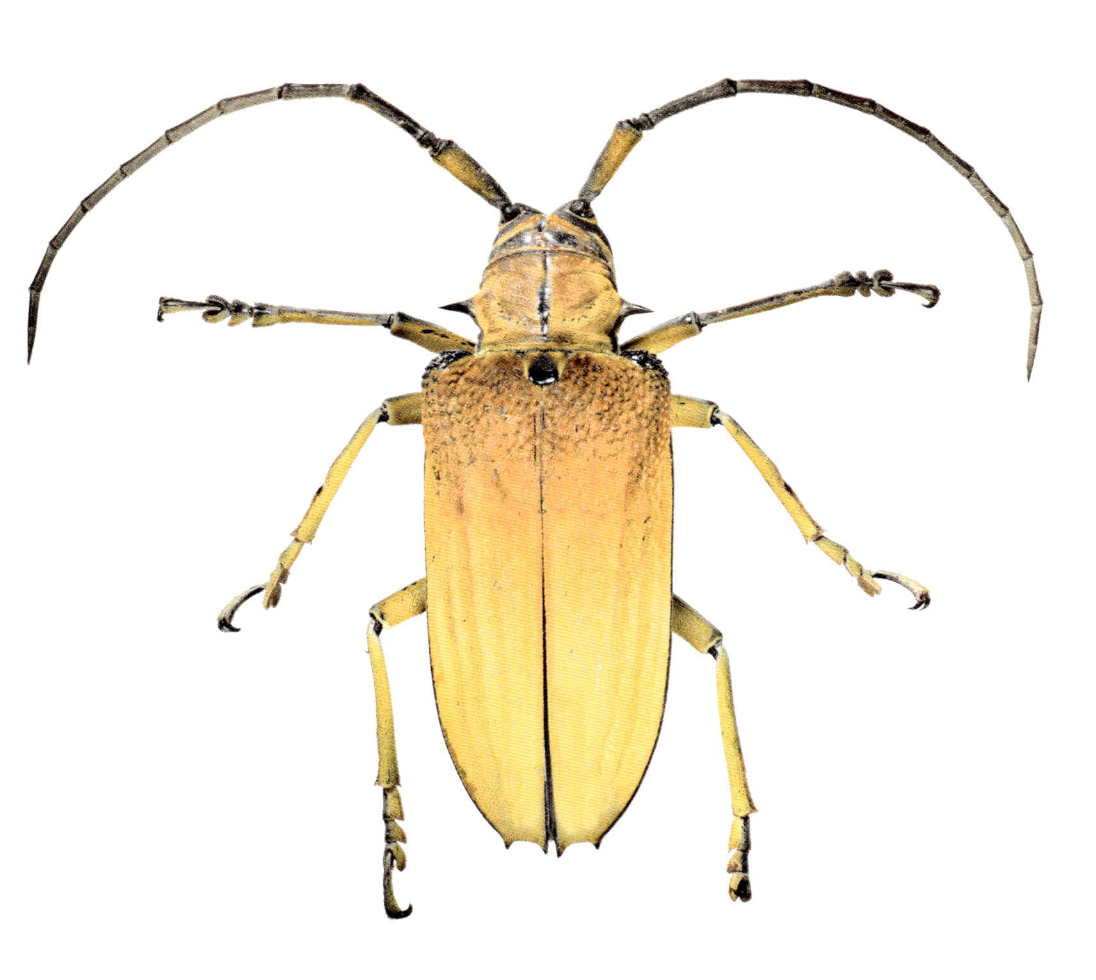

アシブトコバチの一種

Conura dimidiata

体の小さいアシブトコバチはチョウやガの蛹、あるいはハエの蛹殻(ようかく)に寄生する。卵は蛹の中に産みつけられ、孵化した寄生バチの幼虫は寄主を生きたまま食べてしまう。しかし、それ以外の生物にはまったく無害で、針が皮膚を貫通することもない。このアシブトコバチは、敵を針で攻撃することもある気性の荒いアシナガバチに擬態している。

分布
コロンビア

サイズ
体長8〜9mm

キイロカラスヒトリ

Callindra principalis

キイロカラスヒトリは明るい色彩を放つヒトリガ科の一種だ。派手な警告色をまとうこのガを食べようという鳥はまずいない。成虫は不快な味がするし、幼虫は毛むくじゃらなのだ。山間部に生息するこの種は1844年、探検先からヨーロッパに持ち帰られた標本に基づき、オーストリアの昆虫学者によって最初に記載された。ヨーロッパの人々はそのとき、多くのアジア産種をはじめて目にしたのだった。

分布
アジア、パミール高原とヒマラヤ山脈の一帯

サイズ
開翅長80mm

ミドリトウワタバッタ

Phymateus viridipes

アフリカに生息するこの大型のバッタは、危険を感じると胸部から毒液を噴射する。この毒は、若虫と成虫が食べるトウワタという植物に由来する。また、とまっているときは後翅が隠れて見えないが、捕食者に襲われそうになるとカラフルな翅を広げて敵をひるませる。

分布
南アフリカ

サイズ
全長70mm

アカメガネトリバネアゲハ

Ornithoptera croesus

博物学者のアルフレッド・ラッセル・ウォレスは、インドネシアのマルク州でこの見事なチョウを見つけたときの感激を「あまりの興奮で頭に血が上り、卒倒寸前で割れんばかりの頭痛に襲われた」と書き残している。ウォレスはのちにこの新種を記載したが、自然選択説の共同発見者としての功績のほうが広く知られている。

分布
インドネシアのモルッカ諸島（スパイス諸島）

サイズ
開翅長130〜190mm

プラチナコガネの一種

Chrysina sp.

日の光を浴びたこのコガネムシの黄金の体は、クリスマスのオーナメントのような美しいきらめきを放つ。反射率の高い外骨格が偏光と呼ばれる光の特性を利用し、鞘翅を金色に輝かせるのだ。幼虫は腐った木の中で成長し、成虫は木の葉を食べて日中に活動する。

分布
アメリカ南部から南アメリカ北部

サイズ
全長18〜30mm

キイロヒラタヒメバチの一種

Xanthopimpla summervillei

鮮やかな黄色の体に黒い模様があるキイロヒラタヒメバチ属は、熱帯地域のなかでもとくにアジアの森に多く生息し、木々の間や下生えを飛び回っては寄生するガの蛹を探している。キイロヒラタヒメバチ属はかぎ爪に太い剛毛を備え、それが捕食者を遠ざける「毒牙」の役割も果たしていると考えられる。種によって黒い斑点と縦縞の模様が異なるが、あまりにも多くの種が存在するため、それぞれの種を特定するのは至難の業だ。

分布

東南アジア、オーストラリア

サイズ

全長10〜11mm

アウマクアヤガ

Aumakua omaomao

ハワイ島にのみ生息するこのかわいらしいピンク色のガは、アウマクア属を構成する唯一の種だ。幼虫はロベリオイドというキキョウ科の被子植物を食糧とする。ロベリオイドの茎を傷つけ、切り口から難消化性のラテックスが出切ってから食べるのだ。

分布
ハワイ

サイズ
開翅長35〜40mm

センストビナナフシ

Eurynecroscia nigrofasciata

このナナフシは熱帯林の林床で暮らしている。オスはとても希少で、体はメスよりもかなり小さい（全長55～59mm）。ほとんどのナナフシは無性生殖で繁殖し、メスはオスから受精しなくても最大100個の卵を産む。東南アジアの一部の地域ではペットとして人気が高い。

分布

ボルネオ島、半島マレーシア、スマトラ島

サイズ

全長77～97mm

ウスイロアブ

Cryptotylus unicolor

アブの成虫は動物の血液を吸う。なかには家畜に病気を伝播する種もいくつかある。幼虫は成虫とは習性がちがい、池や小川の周辺のぬかるみや、森やサバンナの腐敗した木の穴をすみかとする。成虫のメスは産卵準備のため、動物を吸血して栄養を補給する。この種はアブのなかでも中型で、南アメリカの熱帯林に生息している。

分布
南アメリカの熱帯地域

サイズ
全長18～20mm

緑 青 紫

アメリカオオミズアオ

Actias luna

英名の「ルナモス」とは「月のガ」という意味だ。ローマ神話に登場する月の女神ルナにちなみ、リンネによって命名された。この大型のヤママユガは、北アメリカ最大のガのひとつに数えられる。後翅から伸びた長い尾が、コウモリのエコロケーション（超音波の反響により物体までの距離などを把握すること）を混乱させる。ほかのヤママユガと同じく、アメリカオオミズアオも成虫になってからは摂食しないため、寿命が比較的短い。その短い命が尽きる前に、オスは羽毛のような大きな触角でメスを探し、子孫を残すのだ。

分布

北アメリカ

サイズ

開翅長110〜180mm

オオスカシバ

Cephonodes hylas virescens

これはハチに擬態するスズメガの一種で、旧世界（アジア、ヨーロッパ、アフリカとその周辺の島嶼を含む地域）のなかでもとくに温暖な地域に広く分布している。鱗粉のないハチのような翅も擬態に大いに役立っている。花のそばでホバリングしながら長い吻で蜜を吸うが、受粉にはあまり貢献していないようだ。

分布
アフリカ

サイズ
開翅長55〜62mm

ホソハラアシナガバチの一種

Belonogaster prasina

ホソハラアシナガバチ属は多くの種を擁するアシナガバチのなかまだが、体色が緑の種はマダガスカルだけに生息する。その理由は不明だが、巣につかまって植生にカムフラージュするにはきっと好都合だ。コロニーは比較的小さく、巣を形成するのは1匹の女王蜂だ。このアシナガバチの針はとても危険だ。この種の巣には外皮がないため、むき出しの巣室を天敵から守らなければならないのだ。

分布
マダガスカル

サイズ
全長30mm

コウテイニジダイコク

Sulcophanaeus imperator

このフンコロガシ（糞虫）は固いつがいの絆（ペアボンド）を結ぶことで知られる。オスとメスが協力して食糧庫を掘り、そこに生物の糞を運び込んで、メスが性成熟を迎える前に繁殖準備を整えるのだ。虹色に輝くこのフンコロガシは、乾燥した森林や低木地、牧草地に生息する。南アメリカでは牧場で最も目にする昆虫のひとつであり、農業生態系の重要な一端を担っている。

分布
南アメリカ

サイズ
全長13〜25mm

ロスチャイルドトリバネアゲハ

Ornithoptera rothschildi

ほかのトリバネアゲハと同様、ロスチャイルドトリバネアゲハもとても美しいチョウだ。オスよりメスのほうが大きいが、カラフルさではオスが勝る。翅は表側より裏側（写真）のほうが華やかだ。インドネシアの西パプア州に連なるアルファク山脈に生息するこの種は、高地の草原でのみその姿を見ることができる。ロスチャイルドトリバネアゲハという名前は、この希少種を発見した探検隊を支援していたウォルター・ロスチャイルド男爵にちなんでつけられた。ロスチャイルドが世界中から集めた膨大なチョウの標本は現在、ロンドンの大英自然史博物館に所蔵されている。

分布
ニューギニア島西部

サイズ
開翅長130〜160mm

アフリカミドリスズメ

Euchloron megaera

アフリカ大陸に広く分布するこのスズメガは、アフリカ全域で渡りを行い、インド洋の島々でも繁栄している。1758年にこの特徴的なスズメガを記載したリンネは、標本がインドから持ち込まれたものと考えていた。分類学では正確な標本ラベルこそが重要なカギとなる。

分布
サハラ以南のアフリカ、イエメン、インド洋の島々

サイズ
開翅長95～120mm

オウシュウツヤハナムグリ

Protaetia aeruginosa

ヨーロッパに生息するこの甲虫は絶滅の危機にさらされている。生息地の環境が様変わりし、幼虫のすみかとなる古い木のうろが失われているのだ。落葉広葉樹は年輪を重ねる過程で自然とうろができるものだが、多くの人々がそれを「病気」と勘違いして伐採してしまう。木が1本失われれば、数百種の生物が行き場を失うことになるのだ。

分布

中央ヨーロッパ、南ヨーロッパ

サイズ

最大全長34mm

テングアゲハ

Teinopalpus imperialis

この唯一無二のアゲハチョウは、ヒマラヤ山脈をはじめとする山間部の高地に生息し、「インドの皇帝」という意味の英名がつけられている。その姿を見ることができるのは、高い木々の上を目まぐるしく飛び回る朝のうちだけだ。なかなか出会うことのない希少種だが、美しい緑色の光を屈折させる鱗粉については研究が盛んに行われている。

分布
東南アジア

サイズ
開翅長90〜127mm

ミスジサスマタカナブン

Eudicella gralli

ハナムグリには4000種以上のなかまが存在する。これは非常に変異しやすいミスジサスマタカナブンの色彩変異のひとつだ。体色はエメラルドグリーンから赤みがかったオレンジで、鞘翅（硬い上翅）に緑やオレンジ、あるいは黒のラインが縦に入っている。体色に個体差があり、見た目だけではなかまを見極めきれないため、化学シグナルを多用してパートナーやライバルを識別している。

分布
赤道アフリカ

サイズ
全長22～45mm

ヤギュウハナムグリの一種

Argyripa gloriosa

この甲虫の学名（*Argyripa gloriosa*）は、光輝く緑と黄のグラデーションと、背面に並んだ5組のいびつな黒斑からつけられた。背面の中央部は暖色で、両側方は濃い色調となっている。属のなかで最も希少なこのハナムグリは、1978年に分類されたばかりの新しい種だ。

分布
コロンビア

サイズ
全長19〜21mm

マルバネミドリムラサキシジミ

Arhopala eumolphus

この小さなムラサキシジミは、オスとメスの見た目がまったくちがっている。オスは翅の表側が金属的な緑色だが、メスの翅は黒と金属的な青色だ。このムラサキシジミを含め、シジミチョウの多くが後翅に短い尾部をもち、裏側には尾部付近に小さい目のような斑点がある。これがじつは、捕食者による急所への攻撃をかわすためのトリックになっている。頭部よりも翅を狙われたほうがダメージは少ないのだ。

分布
東洋区

サイズ
開翅長40〜44mm

カメノコハムシの一種

Cyclosoma palliata

まるで逆さにふせた小皿のような丸くて平たいこのカメノコハムシは、成虫、幼虫ともに植物を食べる。幼虫の姿はとても奇妙だ。とげのある三葉虫のような体に、複雑に入り組んだ羽のような長いしっぽがついている。驚くとしっぽをかかげて背の上にかざすのだが、この「尾」はじつはまがい物だ。その正体はなんと、カムフラージュのために身につけた乾いた糞の塊なのだ。

分布
フランス領ギアナ

サイズ
全長10～13mm

グレイコノハムシ

Phyllium bioculatum

コノハムシは、体と翅と脚を平たくいびつな形に発達させたナナフシのなかまだ。コノハムシという名前の由来となったのは、大きくて皮革状のメスの前翅だ。まるで葉脈のように翅脈が広がっていて、これがカムフラージュに大いに役立っている。成虫のオスは翅が透きとおっていて、腹部に目立つ斑点があることから、学名にも「2つの点」という意味が含まれている。

分布

東南アジア、東洋区

サイズ

全長50〜100mm

オビクジャクアゲハ（ルリオビアゲハ）

Papilio palinurus

森林の開けた場所でひらひらと舞うオビクジャクアゲハは、その緑色の発色の美しさから、蝶園で飼育されることも多い。過去に記載されたチョウの多くには古典的な名がつけられているが、このチョウも例にもれず、ウェルギリウスの叙事詩『アエネーイス』に登場する船の舵手にちなんで命名された。画家がパレットの上で新しい色彩を生み出すように、鱗粉が青と黄の光の波長を屈折させて、この魅惑的な緑色を作り上げている。

分布

東南アジア

サイズ

開翅長75～100mm

ショーエンヘルホウセキゾウムシ

Eupholus schoenherrii

ホウセキゾウムシ属は最も美しいゾウムシのなかまだ。目の覚めるような鮮やかな色をまとっているが、それもじつは抜けるような熱帯の空の青と、活き活きとした植物の緑、そしてうっそうとした熱帯雨林の暗色に同化するための保護色だ。この種はニューギニア島北部に多く生息し、原生林でも庭先でも、その姿を見ることができる。

分布

ニューギニア島

サイズ

全長21～34mm

ミナミアオカメムシ

Nezara viridula

カメムシは半翅類の昆虫で、驚いたり興奮したりすると悪臭を放つ。若虫と成虫はともに植物を吸汁し、世界のさまざまな地域で農作物に害をおよぼす。ミナミアオカメムシは広く世界に分布し、いくつかの種は現在ほぼすべての国に生息している。成虫は民家の灯りに誘われてやってくることが多い。

分布
世界各地（アフリカ原産）

サイズ
全長10〜15mm

スズメガの一種

Oryba kadeni

とても大きな目と短い触角に、美しい緑色が印象的なこのガは、新熱帯区に広く生息するスズメガの一種だ。このガの巨大な目はわずかな光でも物を見ることができ、脳が視覚情報をスローモーションで処理するため、暗がりでも周りの状況を詳細に把握することができる。

分布
中央アメリカ、南アメリカ北部

サイズ
開翅長102〜116mm

ニシキオオツバメガ

Chrysiridia rhipheus

ツバメガはチョウと間違えられやすい。ニシキオオツバメガも1773年にはじめて記載されたときには、アゲハチョウ属に分類されていた。翅の派手な色は毒をもっていることを伝える警告色で、実際に幼虫は有毒なトウダイグサ科の植物を食べてその毒を保持する。ニシキオオツバメガはマダガスカル島で東から西へと、新しい餌場を求めて渡りを行う。このガの食草である植物は食べられれば食べられるほど毒性を強めるため、先客のいない餌場を求めて休みなく移動を続けているのだ。

分布

マダガスカル島

サイズ

開翅長70～110mm

ミドリシタバチの一種

Euglossa intersecta

ほかの多くのハチと同じく、シタバチも植物の花粉と蜜を集める。「ランのハチ」という意味の英名をもつが、ランだけでなくさまざまな花に誘われる。ただし、オスはとりわけランの香りに惹かれるようだ。オスは後脚に備えた花粉籠(かご)に香り成分を貯蔵し、交尾相手を誘うときにそれを利用する。このハチは飛翔力に長け、長距離の移動もいとわない。理想の香りを求めて、1日48kmもの距離を旅することもある。

分布

南アメリカの熱帯地域

サイズ

全長20mm

ニジイロカナブン

Stephanorrhina guttata

金属光沢のある緑と赤に、前翅の白い斑点がジャングルでひときわ輝く。花の蜜を吸う成虫は、花の咲いたしげみで大群を成していることが多い。特徴的な羽音はときに遠くまで聞こえてくる。オスはメスよりも若干小ぶりだ。幼虫は白くでっぷりとしたC字形で、腐食した木をすみかとし、またそれを食べて成長する。ペットとして人気が高く、飼育下でも繁殖する。

分布

赤道アフリカ

サイズ

全長20～25mm

ホウセキヒメゾウムシ

Eurhinus magnificus

一生を同じソファに座ったまま過ごすなど想像できるだろうか？　多くの植物食の生物と同じく、ホウセキヒメゾウムシも狭食のスペシャリストだ。なにしろキッスス・シキオイデスという熱帯性のブドウ科のつる植物の上だけで生活史が完結してしまうのだ。本種は卵から成虫になるまで83日かかる。中央アメリカ原産のこの種は、2002年にフロリダではじめて発見された。

分布
中央アメリカからメキシコまでの地域（在来種）
アメリカ南部（外来種）

サイズ
全長5.5〜5.8mm

アカエリトリバネアゲハ

Trogonoptera brookiana

なんともつややかなアカエリトリバネアゲハは、ワシントン条約の保護下にありながら、環境破壊や乱獲のせいで生息数が減少している。オスはミネラルの豊富な水たまりに吸水しに集まるため、群れの個体を数えて生息数の増減を観察することができる。メスは高地の上空で舞っていることが多く、その姿をとらえるのは難しい。アカエリトリバネアゲハは、アルフレッド・ラッセル・ウォレスが、東南アジアへの長期調査旅行ではじめて採集して記載したさまざまな種のうちのひとつだ。

分布

マレー半島、スマトラ島

サイズ

開翅長150～170mm

カメノコハムシの一種

Omocerus azureicornis

植物食の昆虫の体が緑色なら、緑の葉にカムフラージュしない手はないだろう。これは昆虫界の常識ともいうべき戦略だ。しかし、このカメノコハムシのエメラルドグリーンには別のトリックが隠されている！　昆虫と鳥では物の見え方がちがっていることを利用して、食虫性の鳥には見つからず、同じ種のライバルや交尾相手には見える体色をまとっているのだ。

分布
中央アメリカ、南アメリカ

サイズ
全長12～15mm

ヒメゾウムシの一種

Baris cuprirostris

昆虫の多くはいやというほど目につくのに、なかなかお目にかかれない希少種もいるのだから不思議なものだ。美しく輝くこの小さな昆虫は、カラシ、キャベツ、ホソバタイセイ、その他のアブラナ科など、さまざまな草本を食草とする。しかし、生息数がとても少ないため、害虫とは見なされない。夏の終わりに蛹殻を脱ぎ捨てた成虫は、寄主植物周辺の地中で越冬する。

分布
東部と北部をのぞくヨーロッパ地域、北アフリカ

サイズ
全長2.5〜3.5mm

セイボウの一種

Chrysis ruddii

セイボウの英名は「カッコウバチ」という意味で、ハナバチやカリバチの巣に托卵する習性から名づけられた。このセイボウはとくにドロバチの泥の巣を選んで産卵する。孵化したセイボウの幼虫は、巣の住民と貯蔵された食糧を食べつくしてしまう。侵略しようとした巣のハナバチやカリバチに攻撃されても、体を宝石のような球状に硬く丸めて防御するのだ。

分布

ヨーロッパ全域、西アジア

サイズ

全長7〜10mm

ヤドリバエの一種

Formosia moneta

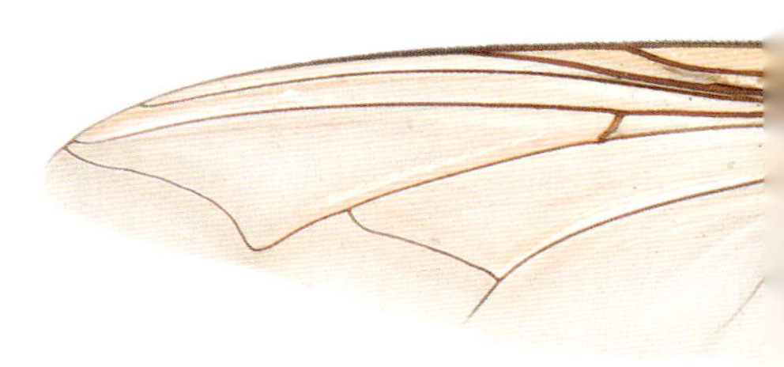

ニューギニア島と太平洋の島々には、印象的なヤドリバエのなかまが生息している。この種は胸部が光沢のある明るい色調で、腹部の虹色の斑紋が光を反射する。ヤドリバエは一見クロバエに似ているが、じつはまったく別の科に属し、幼虫の習性や生態も異なっている。

分布
パプアニューギニア

サイズ
全長15mm

オキナワルリチラシ

Eterusia aedea

オキナワルリチラシはホタルガ亜科に属するマダラガの一種だ。ホタルガ亜科は複雑な化学防御とコミュニケーション、そして美しい模様で知られている。しかし、この緑と青と白の美麗なガは、決して万人の目を楽しませているわけではない。とげと毛を生やした赤っぽい幼虫は、チャのおもな害虫として、中国、インド、スリランカなど多くの国の茶畑で猛威を振るっているのだ。

分布

東南アジア

サイズ

開翅長50〜70mm

アリヤドリコバチの一種

Chalcura cameroni

アリヤドリコバチの幼虫は、アリの幼虫に寄生する。通りすがりの働きアリに大顎でつかまって、首尾よくアリの巣に侵入するのだ。成虫の体は頑丈なつくりで、突起状の腹部が胸部から突き出ている。アリはこの突起をつかみ、ハチに傷つけられることなく巣からつまみ出す。多くの昆虫がもつ硬いクチクラと同じく、この種のものも金属的な輝きを放っている。

分布
東南アジア、オーストラリア

サイズ
体長3.6mm

エメラルドゴキブリバチ

Ampulex compressa

セナガアナバチ属に属するこの美しいハチは、身の毛もよだつような習性をもっている。しかし、その行動はわたしたちにとって大変都合のいいものだ。このハチはなんと、獲物を服従させるめずらしい毒を使ってゴキブリを捕食するのだ。脳にピンポイントで毒を注入されたゴキブリは、自らの意思で動けなくなる。そして、その場から逃げるどころか、ハチに誘導されるがままハチの巣穴へと向かい、巣の中でハチの幼虫の餌食となるのだ。

分布

東南アジアの熱帯地域に広く分布

サイズ

全長18～22mm

アレクサンドラトリバネアゲハ

Ornithoptera alexandrae

アレクサンドラトリバネアゲハは、パプアニューギニアのオロ州に広がる原生的な熱帯雨林にのみ生息する。現在知られている最大のチョウであり、絶滅の危機にさらされた最も希少な種のひとつだ。狭い範囲に相対的に多く生息しているが、すみかである森林の存続が伐採や火山噴火の影響により脅かされている。また、このチョウはコレクターの間で非常に人気が高く、価格が高騰して取引が全面禁止となった。タイプ標本には小さな穴が複数あいている。空を舞っているところを散弾銃で撃ち抜かれたのだ！

分布

パプアニューギニア

サイズ

開翅長160～250mm

コガネコバチの一種

Chalcedectus maculicornis

この小さなハチはコガネコバチ科の一種だ。コガネコバチの多くは光り輝く鮮やかな色彩をまとい、体長の数倍の距離を跳躍することができる。標本には体を折り曲げたものが多いが、これは跳躍の姿勢である。このハチは跳躍するとき、胸部を後方へ打ちつけ、筋肉の緊張を解放して発進するのだ。筋肉にはレジリンと呼ばれる弾性タンパク質が含まれている。レジリンは翅の羽ばたきやノミの飛び跳ねる動きなど、昆虫のさまざまな運動に役立っている。

分布
ブラジル

サイズ
体長6mm

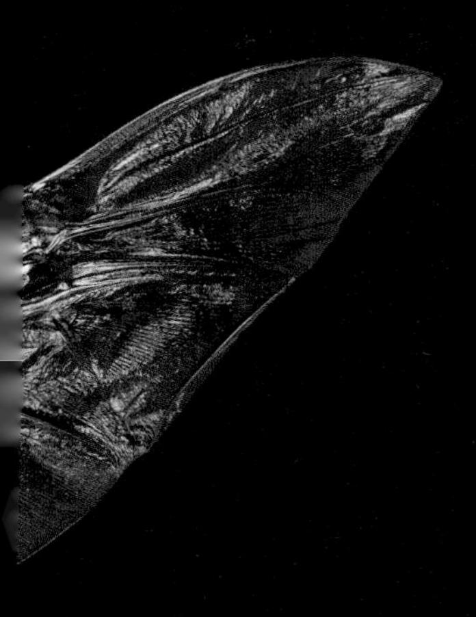

ゴライアスオオツノハナムグリ

Goliathus goliatus

ゴライアスオオツノハナムグリや、近縁種のハナムグリやカナブンは、飛び方がほかの甲虫とちがっている。飛翔する甲虫の多くは2対の翅をすべて広げて腹部を露出させるが、ゴライアスオオツノハナムグリは体を保護する硬い鞘翅を閉じたまま、後翅だけを広げて飛翔するのだ。ずんぐりと重厚感のある見た目に似合わず、花の咲く樹冠を軽快に飛び回っている。

分布
赤道アフリカ

サイズ
全長50〜110mm

コガタミドリハムシ

Gastrophysa viridula

19世紀の終わりまで、コガタミドリハムシは山岳地帯にのみ生息し、そこに自生するタデ科の植物をおもに食べていた。しかし、ヨーロッパの農地で化学肥料が大量に使われるようになると、その植物が牧草地や草原に広く生育し、それにともないコガタミドリハムシも中央ヨーロッパからヨーロッパ北部にまで分布するようになった。幼虫は黒色で、刺激性のさまざまな化学物質を分泌する腺を備えている。

分布
南部をのぞくユーラシア、北アメリカ

サイズ
全長3.5〜7mm

モモブトオオルリハムシ

Sagra buqueti

玉虫色に輝くモモブトオオルリハムシのオスは、いかにも強そうな後脚を備えている。しかし、「カエルの脚」という意味の英名をもちながら、カエルのような大ジャンプをするわけではない。この奇怪な脚が活躍するのは食事の時間だ。脚の表面を覆う細かい毛房が、食草である植物の茎や葉にしがみつくグリップ力を高めているのだ。メスの後脚はオスほど太くない。

分布
東南アジア

サイズ
全長23〜50mm

タマヤドリコバチの一種

Ormyrus nitidulus

タマバチは植物に寄生して栄養組織を異常発達させ、それを幼虫が食べて成長する。タマバチが作ったこぶ状の突起は「虫こぶ」と呼ばれる。虫こぶは、タマバチが捕食者から身を隠すシェルターの役割も果たす。しかし、ほかの多くの昆虫も、タマバチの虫こぶを食べたり、シェルターとして利用したりする。ナラの大きな虫こぶにはタマヤドリコバチが寄生していることが多い。タマバチに寄生して卵を産みつけ、タマバチが作った虫こぶに我が物顔ですみついてしまうのだ。

分布

ヨーロッパ

サイズ

体長3～5mm

ヤドリバエの一種

Rhachoepalpus metallicus

「メタリックなヤドリバエ」という意味の学名がつけられたこのヤドリバエは、体を鮮やかな青色に輝かせ、腹部は長い剛毛で覆われている。ヤドリバエ科に金属的な体色のなかまが多いというわけではないが、世界のさまざまな地域でひときわ美しく輝く種がいくつか確認されている。この種は熱帯南アメリカのアンデス高地に生息し、幼虫は甲虫の幼虫やガの幼虫などの体内に寄生するようだ。

分布
南アメリカの熱帯地域

サイズ
全長12〜15mm

クジャクシジミ

Arcas imperialis

クジャクシジミのオスは森の中の決まった場所にとまっている。精力的に縄張りを守り、お気に入りの場所で翅を休めるのだ。オスのとまり木は、交尾相手のメスとの出会いの場でもある。クジャクシジミ属のなかには手つかずの森をこのむ種もいるようだが、クジャクシジミは開発された市街地でもその姿を見ることができる。この美しいチョウが行き場を失うことは当分なさそうだ。

分布

中央アメリカ、南アメリカ

サイズ

開翅長33〜37mm

ベネッティーホウセキゾウムシ

Eupholus bennettii

この美しいホウセキゾウムシが野生で見られるのは、世界最大の熱帯の島、ニューギニア島の東部だけだ。特定の種のつる植物に生息するこのホウセキゾウムシは、島の人々に捕獲され、部族の特別な祝いの儀式で首飾りや耳飾りに用いられる。

分布
ニューギニア島東部

サイズ
全長22〜35mm

エダシャクの一種

Milionia weiskei rubidifascia

ニューギニア島で針葉樹を食べるミリオニア属は、とくにカラフルなシャクガ科のなかまだ。昼行性で、花や腐った果実、動物の糞にとまっているところをよく見かける。このシャクガの亜種名（*rubidifascia*）は、後翅の赤い帯状の模様からつけられた。

分布
ニューギニア島

サイズ
開翅長50〜56mm

アオクマバチ

Xylocopa caerulea

「大工のハチ」という意味の英名をもつクマバチは、枯れ木を噛んで穴をあけ、大きな巣穴を作り上げる。社会性はあまり高いとはいえず、巣の入り口を共用することはあっても、メスはそれぞれ個室で産卵して子育てをする。クマバチの多くの種が大型で、光沢のある体と玉虫色の翅をもつが、唯一この種の体は青い体毛で覆われている。

分布
東南アジア広域

サイズ
体長23～28mm

ウラベニタテハ

Panacea procilla

森林をすみかとするこのチョウは、花のまわりを探しても見つけることはできない。ウラベニタテハは果実の糖をこのんで摂取する。また、木の幹で翅を広げてのんびりひなたぼっこをしていることもある。この種のような毒をもつチョウは、後翅でカムフラージュして天敵から身を隠す必要がないのだ。

分布

中央アメリカ、南アメリカ

サイズ

開翅長80〜95mm

アカゲケブカフトタマムシ

Julodis cirrosa

メタリックな青緑色の筒状の体の表面には、粗い点刻があり、蠟でコーティングされた薄い黄色からオレンジ色の毛束が生えている。このタマムシは、南アフリカの温暖な乾燥地や半乾燥地ではおなじみの種だ。幼虫はさまざまな低木の茎や根の中に潜り込む。成虫の寿命は短く、気温の高い日中に活動し、水分を多く含む葉や花を食べる。

分布

南アフリカ

サイズ

全長25～27mm

サツマニシキ

Erasmia pulchella

ほかのマダラガと同じく、サツマニシキも化学防御のためのシアン化物を産生する。そのおかげで、天敵から急いで逃げたり、隠れ場所を探してさまよったりする必要がなく、余計なエネルギーを消費せずにすむのだ。森林をすみかとするサツマニシキの成虫は日中にひらひらと舞い、幼虫はヤマモガシを食べる。ヤマモガシはサツマニシキの幼虫が食草とするめずらしい植物だ。

分布

南アジア、東アジア

サイズ

開翅長70～80mm

カメノコハムシの一種

Discomorpha batesi

カメノコハムシのなかには、母親が子の世話をする種があるというのだから驚きだ。子育ては昆虫界ではごくめずらしい行為なのだ。カメノコハムシのメスが幼虫や蛹を守る様子が確認され、また、オスとメスの両方が幼虫の群れを世話することもあるという。熱帯雨林に輝く植物の種子のようなこの標本をよく見れば、もうひとつの輪郭が浮かんでくる。このカメノコハムシは、背に別の小さいカメノコハムシをおぶっているのだ。

分布
アマゾン

サイズ
全長9〜12mm

ヒラタヒメバチの一種

Umanella giacometti

新たに発見された種はどのように命名されるのだろう。その手段のひとつがコンペ方式で、このハチの学名も2010年に複数の案から選出された。たしかに細長い体がアルベルト・ジャコメッティの彫刻を連想させる。鮮やかに輝く警告色で捕食者を遠ざけ、ほっそりとした体形を活かして枯れ木にひそむ甲虫の幼虫を探し出すようだ。

分布
エクアドル、ペルー

サイズ
全長71〜79mm

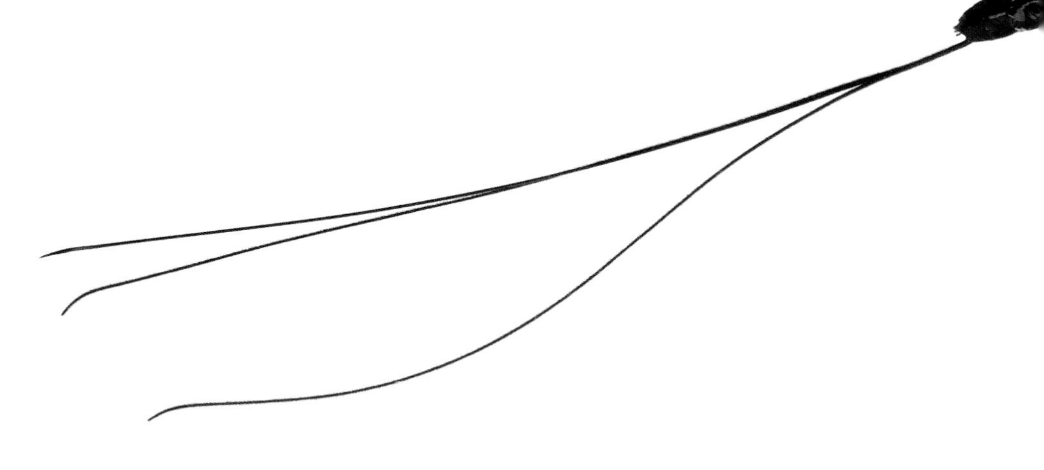

キプリスモルフォ

Morpho cypris

青色と白銀色のコントラストが美しいこのモルフォチョウは、世界で最も美しいチョウと称されている。学名にある「*cypris*」とはギリシア神話の美と愛の女神、アフロディテの別名だ。翅の裏側は薄い茶色と白色の落ち着いた色調となっている。キプリスモルフォはうっそうとしたジャングルの林冠に生息し、川沿いでその姿を見ることができる。

分布

中央アメリカ、南アメリカ

サイズ

開翅長130〜200mm

キバネツマルリタマムシ

Chrysochroa buqueti

この美しいタマムシは、甲虫界でおそらく最高の飛翔スピードを誇り、側頭部の大部分を大きな眼が占めている。そのため、捕食者の鳥たちもこの獲物にはなかなか近づくことができない。残念ながら、タマムシはその宝石のような美しさゆえ、土産物としての需要が高くなっている。アジアの多くの国で、捕獲され、額に入れられて、観光客向けに販売されているのだ。

分布

東南アジア

サイズ

全長40〜50mm

ヤドリシタバチ

Aglae caerulea

労働寄生するシタバチのほとんどがオオシタバチ属に属しているが、この種は単独で属を構成している。この青く輝くハチは硬いクチクラをもち、侵入した巣の家主に攻撃されても防御することができる。ほかのシタバチと同じく、オスは香り成分に惹きつけられるため、人工香料や香水に含まれる桂皮酸メチルの香りに誘われて飛んでくることがある。

分布

南アメリカ

サイズ

体長23mm

ナンベイムカシタマムシの一種

Conognatha haemorrhoidalis

紺色に光るこの希少なタマムシは、1790年にはじめて記載された。硬い前翅（鞘翅）の後方両側に細かいとげが並んでいるが、その役割はわかっていない。捕食者から逃げ切れない場面では、この標本のように脚を体の下にすっかりしまい込んで死んだふりをする。光沢のあるタマムシの鞘翅を宝飾品や装身具に用いる国もある。

分布
ブラジル

サイズ
全長30mm

キバナガヒラタオサムシ

Carabus intricatus

キバナガヒラタオサムシは飛ぶことができない。昆虫の多くは後翅を使って飛翔するが、このオサムシにはその翅がないのだ。しかし、飛翔能力の代わりにスピードがあり、目まぐるしく這い回っては、ナメクジやミミズなどを捕まえて貪り食う。幼虫は細長い体に大きく鋭い大顎を備え、地中や倒木の下で獲物を探す。寿命が長いオサムシだが、今ではだんだん数が少なくなり、一部の国では絶滅の危機に瀕している。

分布

ヨーロッパ

サイズ

全長24〜35mm

クラウディナミイロタテハ

Agrias claudina

クラウディナミイロタテハはこれが2回目の登場だ。翅の裏側の模様も見事だが、表側の鮮やかな色彩もまたすばらしい。後翅には発香鱗と呼ばれる黄色い房がある。これは鱗翅目のオスの多くに見られる特殊な鱗粉のかたまりで、求愛のためのフェロモンを拡散する役割があると考えられている。

分布

南アメリカの熱帯地域

サイズ

開翅長80mm

ゴミムシダマシの一種

Odontopezus sp.

アフリカ原産のこのゴミムシダマシは、紫色の光沢をまとい、黒っぽい色が多いゴミムシダマシ科のなかで独特の存在感を放っている。ゴミムシダマシの多くはほかの昆虫より寿命が長い。代謝率が低いおかげで、成虫は2年以上も生きることがある。成虫は防御物質を分泌し、捕食者から化学的に身を守っている。莫大な多様性を誇るゴミムシダマシのなかには、木材製品などについて世界各地に運ばれ、広く分布するようになった種がいくつかある。

分布

西アフリカ、中央アフリカ

サイズ

全長40〜50mm

トリトビバッタ

Ornithacris pictula magnifica

この生物名は、驚くと鳥のように飛び立つことからつけられた。木の葉にそっくりな前翅は、とまっているときのカムフラージュに有効で、目の覚めるような赤紫色の後翅は、飛び立つときに捕食者をひるませる効果があると考えられる。トビバッタはアフリカで農作物の重大な害虫となっている。キョウチクトウ、ヤシ、トウモロコシやキビなどの穀物を食い荒らし、深刻な農業被害をもたらしているのだ。

分布
サハラ以南のアフリカ

サイズ
全長50mm

ムラサキスカシジャノメ

Cithaerias andromeda

熱帯雨林でたくみに身を隠すスカシジャノメのなかまは、暗い下生えに潜み、夕闇に舞う。翅が透きとおっていて見えづらく、幽霊のような雰囲気を醸し出していることから、ときに「幻影」と表現されたりもする。腐った菌類や果物を求めて姿を現す。

分布
南アメリカの熱帯地域

サイズ
開翅長35〜48mm

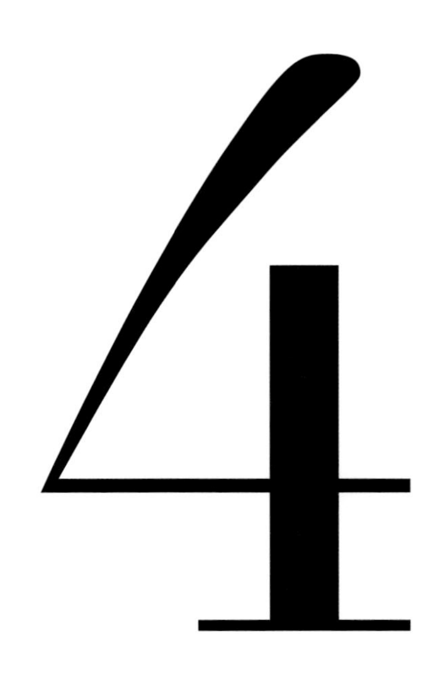

茶 黒 白

アカガネタマオシコガネ

Scarabaeus aegyptiorum

紫がかった茶色の体色をもつこのフンコロガシ（糞虫）は、幅の広い丈夫な頭部を鋤（すき）のように使う。頭を新鮮な牛糞に突っ込んでひとかけすくい、それをころころ転がして地下の巣まで運ぶのだ。糞は巣に貯蔵して、食用にしたり、メスが卵を産みつけたりする。幼虫は巣の中で糞玉を食べて蛹になる。成虫の前脚にはとげがあり、糞をつかんで転がしたり、地中に埋めたりするときの役に立っている。

分布
北東アフリカ

サイズ
全長22〜35mm

ウシアブの一種

Euancala maculatissima

まだら模様が美しいこのアフリカのウシアブは、ウシ科の多くの種の血液を吸うと考えられている。ウシアブは哺乳類、爬虫類、両生類を吸血するが、鳥類を吸血することはあまりないようだ。なかにはとても長い口器をもち、花の蜜を吸う種もいくつかある。この種は森林や乾燥したサバンナに生息している。

分布
アフリカ

サイズ
全長12mm

マヤヤママユ

Gynanisa maja

マヤヤママユのオスは頭部に羽毛のような触角を備え、メスが夜間に放出するフェロモンを感知する。幼虫はおもにマメ科のアカシアとモパネを食草とする。マヤヤママユの幼虫は、ほかの鱗翅目数種の幼虫とともに人々の食用とされている。マヤヤママユの魅惑的な姿は、マリの郵便切手にも描かれた。

分布
南アフリカ、東アフリカ

サイズ
開翅長105〜113mm

マルムネカレハカマキリ

Deroplatys truncata

カマキリ目は多様な捕食性昆虫で、その多くが見事なカムフラージュで獲物の目を欺く。なかには花びらや樹皮、地衣類とまったく見分けがつかないものもいるほどだ。アジア原産のマルムネカレハカマキリは林床の枯れ葉に擬態し、地上で獲物を狩る。とげのある鋭い前脚で狙った昆虫をつかみ、串刺しにするのだ。

分布
東洋区、ニューギニア島

サイズ
全長65mm

コンボウビワハゴロモ

Zanna nobilis

このビワハゴロモは全体的にグレーの体色で、部分的に黒い小斑点がある。頭部は長い吻のように伸び、表面にひだ状の隆起がある。前翅は樹皮にカムフラージュするが、後翅には模様がない。テングビワハゴロモのなかまは東南アジアに生息し、樹液を吸汁する。このなかまの若虫は、マダガスカルでは食用とされている。ベーコンのような味がするらしい。

分布

マレー半島、ボルネオ島

サイズ

全長50〜55mm

ハムシダマシの一種

Metallonotus physopterus

莫大な多様性を誇り、世界中に分布するゴミムシダマシ科には、2万種を超えるなかまがいる。砂漠から熱帯雨林、海面レベルの低地から万年雪のある山上まで、陸地のあらゆる環境下で生きている。アフリカの熱帯雨林で暮らすこの飛べない優美なハムシダマシは、洋ナシ形の鞘翅の表面に粗い網目状の点刻がある。おもに夜行性で、菌類が育つ樹木をすみかとし、化学シグナルを発して異性同士でコミュニケーションを図っている。

分布
西アフリカ、中央アフリカ

サイズ
最大全長30mm

モーレンカンプオオカブト

Chalcosoma moellenkampi

モーレンカンプオオカブトのオスは、見事な角を前胸背板に2本、頭部に1本備えている。しかし、環境条件によっては幼虫が十分な栄養をとれず、小ぶりで角が未発達の成虫も少なくない。体の大きいオスたちはパワフルで、果敢にライバルに挑んで激しい戦いを繰り広げる。大きい幼虫は重さ100gにもなり、腐った木で1年以上暮らして枯れ木を分解してくれる。危険を感じると咬みつく。

分布

ボルネオ島

サイズ

オス　最大全長110mm

メス　最大全長60mm

スズメガの一種

Laothoe populi

とまっているときは後翅を前翅のうしろに隠しているが、危険が迫ると後翅を広げてビビッドな色彩で相手を驚かせる。翅を休めているときのこのスズメガを見つけるのは至難の業だ。腹部を丸め、保護色の効力を最大限に発揮して、完璧に枯れ葉に化けているのだ。

分布

ヨーロッパ

サイズ

開翅長65〜90mm

ユカタンビワハゴロモ

Fulgora laternaria

ユカタンビワハゴロモの頭部の先は大きく突出している。落花生のような形のその突起物には偽の目がついていて、まるでトカゲかヘビの頭のように見える。この昆虫はもともと発光すると誤って考えられていた（そのため学名と英名に「ランタン（灯り）」とつけられている）。捕食者に攻撃されると、後翅の大きな目のような黄色い斑紋をディスプレイして驚かせ、さらに不快な臭い物質を放出して撃退する。

分布

中央アメリカ、南アメリカ

サイズ

全長85～90mm

コガシラクワガタ（チリクワガタ）

Chiasognathus grantii

チャールズ・ダーウィンは、2度目の調査旅行で訪れたチリでこの種を採集し、オスの大顎の特異性に着目した。オス同士の戦いでは大いに威力を発揮するが、ダーウィンが指をはさまれてもまったく痛みを感じなかったのだ。成虫はおもに甘い樹液を吸汁する。原産地の南アンデスでも個体数が少なく、絶滅の危険性が高まっている。

分布

アルゼンチン、チリ

サイズ

オス　最大全長90mm
メス　最大全長37mm

ハルパリィケカザリシロチョウ

Delias harpalyce

このチョウの翅の表側は、ほかのシロチョウ科のなかまと同じく、地色の白色に黒いラインが入っている。一方、翅の裏側（写真）には鮮やかな色彩がちりばめられている。幼虫は黒い体に白い毛が生えていて、絹糸の網に守られて群居し、ユーカリの林でヤドリギを食べる。

分布

オーストラリア

サイズ

開翅長60〜70mm

ゴミムシダマシの一種

Nesioticus flavopictus

この種は枯れ木の腐食した樹皮下をすみかとし、多孔菌類の菌糸を食べる。淡色の模様は個体によって長さや形が異なっている。昆虫学者は、体形、表面構造、目の形状、翅脈の様子、脚の特徴など、多様な外部と内部の形態的特徴をふまえて同定や記載を行う。単一の特徴（体色など）に限定してしまうと、分類に誤りが生じかねないのだ。

分布
西アフリカ、中央アフリカ

サイズ
全長15〜25mm

テンニョハゴロモ

Alaruasa violacea

テンニョハゴロモはビワハゴロモのなかまだ（ビワハゴロモ科）。ビワハゴロモのなかには、若虫の腹部やその他の部位に特殊な腺があり、蠟物質を分泌する種がいくつかある。また多くの種は成虫のメスも蠟物質を分泌して卵を守る。中央アメリカの熱帯雨林に生息するこの美しい種は、腹部に蠟物質の突起を発達させている。成虫と若虫はいずれも樹液を吸汁する。

分布
メキシコ、中央アメリカ

サイズ
全長85mm

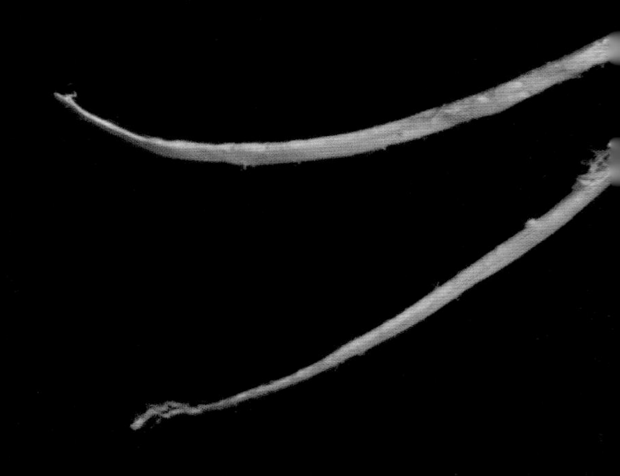

タナバタユカタヤガ

Baorisa hieroglyphica

学名の「ヒエログリフィカ（*hieroglyphica*）」とは象形文字のことだ。前翅の幾何学的な模様がその由来となっている。色と線が織りなすその模様は、触角と脚を生やした赤い頭の昆虫が、鳥のような吻を翅先に向けているように見えなくもない。あるいは、クモの巣にとまったクモにも見えるだろうか。「ピカソモス（ピカソのガ）」という英名がついているが、「ミロのガ」というほうがしっくりくるかもしれない。

分布
北インド、東南アジア

サイズ
開翅長50mm

プリモスマルガタクワガタ

Colophon primosi

飛翔できず、地を這うばかりのこの昆虫は、南アフリカ共和国のケープ州南部と西部の山々で暮らしている。マルガタクワガタのなかまはすべて局所的に生息し、ごく狭い区域の山頂部を縄張りとする。マルガタクワガタは、生息地の消滅と過去の乱獲により、絶滅の危機に瀕している。さらに現在は気候の変動の影響も多分に受けている。すみかとする山々で、温暖化を原因とする山火事が多発しているのだ。

分布
南アフリカ共和国

サイズ
全長18〜39mm

オオツチバチの一種

Megascolia procer

このオオツチバチは、現在知られている最大のハチのひとつだ。巨大オオカブトのアトラスオオカブトと、3本の角をもつモーレンカンプオオカブトの幼虫を攻撃し、卵を産みつける。このオオツチバチの丈夫な飛膜は、末端付近が細かなしわ状になって強度を高めている。翅に光が当たると、黒い色素の薄いキチン層が干渉し、鮮やかな青緑色に輝く。

分布

ジャワ島、スマトラ島

サイズ

体長35〜70mm

シロスジベッコウハナアブ

Volucella pellucens

大きさも姿もマルハナバチにそっくりなこのハナアブは、ヨーロッパとアジアの森林に広く分布している。形から模様までハチに擬態しているのは、針をもつ本物のハチを食べない捕食者を遠ざけておくための戦略だろう。光の当たり方によっては、腹部の下面（腹面）が透明に見える。幼虫はスズメバチの地中の巣に寄生する。

分布

ヨーロッパ、アジア

サイズ

全長15～18mm

アリバチの一種

Dasymutilla gloriosa

このアリバチの別名は「牛殺し」という。おそろしい針をもっていることからそう呼ばれるようになった。多くの種が派手な色彩で外敵に警告するが、このアリバチは逃げ場のない砂漠で身を守るためのカムフラージュを進化させた。ふわふわのその姿は、同じ砂漠地帯に生育する植物、メキシコハマビシの種子にそっくりなのだ。

分布
アメリカ南部とメキシコ北部の砂漠地帯

サイズ
体長13〜16mm

ヒトリガの一種

Composia credula

さまざまなヒトリガが斑点模様を発達させているが、この種ほど見事な水玉模様をもつものはいない。このヒトリガは1775年、ヨーロッパ人が新世界探検を始めた初期の頃に、著名な昆虫学者のヨハン・ファブリチウスによって記載された。フロリダには「フェイスフル・ビューティー（「誠実な美」の意）」、あるいは「アンクル・サム（米国政府を擬人化したキャラクター）」というニックネームで親しまれる近縁種がいる。

分布
南アメリカ、アンティル諸島

サイズ
開翅長48～64mm

オウサマミツギリゾウムシ

Eutrachelus temmincki

世界中に多様な種が分布するミツギリゾウムシのなかで、最大の全長を誇るのがこのオウサマミツギリゾウムシだ。この奇妙な種は頭部が長く、メスはその先に千枚通しのような細い「鼻」が伸び、オスは長い鼻の先が広がって短いシャベル状になっている。枯れた大木に群居し、幼虫もそこで成長する。大きくて強いオスほど交尾に有利で、子孫を残すことができる。

分布

東洋区

サイズ

全長55～80mm